太空
一次神奇的探险之旅

[英]安妮·麦克雷◎著

英国穆蒂工作室◎绘

许永建◎译

 中国宇航出版社

·北京·

目 录

生命

虽然我们倾向于认为在浩瀚宇宙中人类文明并不孤独，但是科学家并没有找到外星生命存在的确凿证据。地球上有数百万种动植物，既有单细胞组成的微小细菌，也有像鲸和人类这样由数万亿细胞组成的复杂物种。

即使我们能够在其他星球上发现生命，外星生命也不大可能长成这样。

行星地球

欢迎加入太空探索之旅！等待你的将是一系列扣人心弦的冒险，让你亲历宇宙的起源。在出发之前，让我们仔细审视一下我们的地球家园，来看看究竟是什么让地球如此特殊。我们的地球在很多方面都与众不同。首先，地球上有生命。生命不仅仅指人类，还包括共同生活在地球上的所有植物和动物。其次，地球上水源丰富，而水正是孕育生命的源泉。再次，地球大气中富含维持生命的氧气等气体。

昼夜

地球绕太阳公转的同时，也会自转。地球自转一圈大约需要24小时*。地球面向太阳的一侧沐浴在阳光下，是白天；而背向太阳的一侧笼罩在黑暗中，是黑夜。

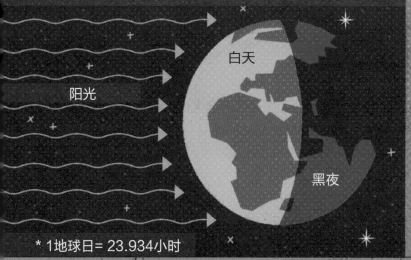

阳光

白天

黑夜

* 1地球日= 23.934小时

季节

地球绕太阳公转一圈大约需要365天*。而稍稍倾斜的地球自转轴导致了季节的产生。地球围绕太阳公转时，自转轴永远指向同一方向，所以一年中阳光直接照射地球的区域会有不同。

此图显示了北半球的季节变化。

* 1地球年= 365.25天

自转轴

秋

夏

冬

春

我们脚下的地球

我们居住在地球固体圈层的最外层，这一层相对较薄，叫作地壳。如果你能穿过它，就会进入软质熔融岩石层，这一层就要厚很多，叫作地幔。继续深入，你将看到由液态铁和镍组成的外核，再往里就是固态金属内核。

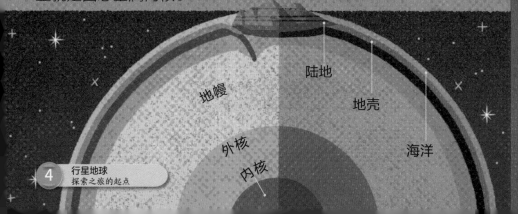

地幔

陆地

地壳

外核

内核

海洋

我们头顶的天空

我们的地球由各种气体组成的大气包裹着，大气受到地球引力的束缚。正是由于大气的存在，地球上才有可能存在生命。大气在保持地表温度的同时，也帮我们阻隔了对身体有害的紫外线。最重要的是，大气富含人类呼吸所必需的氧气。

大气可以划分为5层。

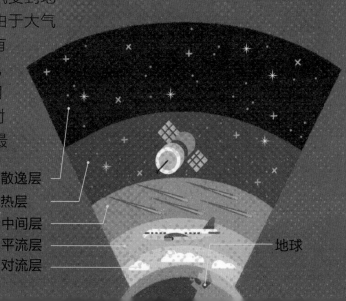

散逸层

热层

中间层

平流层

对流层

地球

蓝色星球

从太空俯瞰，地球就像一个蓝色的球体。这是因为地球表面70%以上的面积都被水覆盖。地球也是太阳系中唯一拥有大量液态水的星球。科学家们认为，正是水孕育了生命。地球上的水多种多样，有河水、湖水、沼泽水、池塘水，但是最多的还是海水。海水占地球总水量的97%。但是为什么被水覆盖的地球看上去是蓝色的呢？因为水吸收了红色、橘色、黄色等长波颜色，反射蓝色等短波颜色。

人造卫星

人类发射的第一颗人造卫星叫作"斯普特尼克一号"。它是苏联于1957年发射的一颗进入地球轨道的卫星。从那以后，很多国家都开始发射人造卫星。截至目前，各国累计发射入轨的卫星超过8100颗。其中，约5000颗卫星还留在轨道上，但是仍在工作的卫星大概只有1900颗。好在浩瀚的太空中有足够的空间，所以卫星不会轻易撞在一起。

卫星可以做很多事情。有些卫星，比如，哈勃太空望远镜和国际空间站（见第8~9页），可以助力科学家探索太空。其他卫星可用于通信、对地观测、天气预报和导航（比如全球定位系统）。

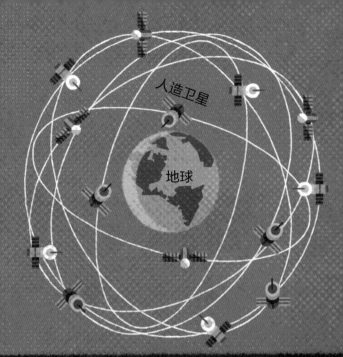

人造卫星

地球

月球

东南亚

巴布亚-新几内亚

太平洋

太平洋是世界上最大的海洋，约占地球表面面积的30%。如果将陆地上所有东西都打包放到太平洋里，绝对能放进去。

太阳

澳大利亚

新西兰

太空生活

我们探索之旅的第一站是国际空间站，这也是人类在太空中定居时间最长的地方。要到达目的地，我们将从哈萨克斯坦一个宇宙发射场搭乘俄罗斯的联盟号火箭。这段旅程并不遥远，但与国际空间站的对接可能会比较难。要想实现与快速移动的空间站完美对接可能要花上几个小时。登上空间站后，我们就能和那里的宇航员一起享用美味的太空餐，即事先烹饪并经过脱水处理和冷冻干燥储存的食物。

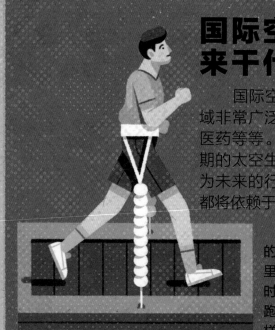

国际空间站是用来干什么的？

国际空间站的科学家研究的领域非常广泛，从空间天文到天气和医药等等。他们尤其感兴趣的是长期的太空生活对人体有何影响。因为未来的行星移民计划和星际旅行都将依赖于这些研究成果。

在零重力的条件下，人体的肌肉和骨骼会有损耗，所以那里的宇航员每天要锻炼至少两小时。你可能注意到了，宇航员慢跑时要把自己系在跑步机上，这样就不会飘走了。

观测国际空间站：在夜空中，国际空间站的亮度仅次于月球和金星，位居第三位。

国际空间站的宇航员每天能看到16次日出和日落。

国际空间站

国际空间站是迄今为止人类建造的最大航天器。它的造价超过1200亿美元，也是迄今为止人类制造的最昂贵的东西。国际空间站处于地球低轨轨道，离地面只有400千米。以2.76万千米/小时的速度在近地轨道上运行，每92分钟环绕地球一周。国际空间站有3名常驻宇航员，具备同时接待7名访客的能力。宇航员通常在空间站停留6个月。

中央桁架

机械臂

太阳能电池板

国际空间站围绕中央桁架建造，有8对利用阳光发电的太阳能电池板。

国际空间站的组装

国际空间站的建设始于1998年，目前已经有16个国家参与建设。它的大小差不多跟足球场一样，是在太空中一个舱接着一个舱，逐渐搭建完成的。

宇航员悬浮在地球上方（失重状态），把新舱固定在国际空间站上。国际空间站大部分建设工作于2011年结束。

国际空间站上食物、水和设备的补给是通过无人航天器来定期运送的。执行补给任务的航天器包括俄罗斯进步号飞船、欧洲自动货运飞船、日本白鹤号货运飞船、美国的龙飞船和天鹅座货运飞船。

国际空间站有两个厕所。尿液经过滤后回收，补给空间站的饮用水。

美国"门户空间站"的建设预计将于2022年开始。建成后，"门户空间站"可以承载4位宇航员。但由于它距离地球实在太远了，并且造价昂贵，这个空间站很有可能将不会有人常驻。其他国家可能也会参与这项空间站任务，比如俄罗斯和日本。

地球

月球

门户空间站

国际空间站的未来

国际空间站最晚将于2030年关闭。中国计划在2022年左右发射中国空间站，并实现载人常驻。美国国家航空航天局（NASA）规划了一个名为"门户"的新空间站项目，该空间站将在月球轨道运行。这个轨道位置堪称完美，既可以服务登月后的月面活动，也可以服务深空探测任务。

私人航天

太空探索领域也有新变化，私人航天公司现在正进军太空，或者说正在规划进军太空。商业空间站计划向科学家出售研究空间，也可能会把可用空间改造成太空旅馆来实现太空度假。

由美国公理太空公司（Axiom）设计的世界上第一个私人空间站外观可能是这样的。

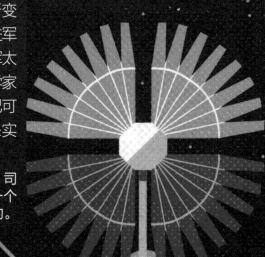

月球是如何形成的？

一些科学家认为，地球形成后，遭到了小行星撞击，小行星分崩离析，并把地球上的岩石碎片撞入太空。地球岩石碎片和小行星碎片慢慢聚合，形成了月球。具体过程如下：

原行星

地球

1. 一颗小行星冲向地球。

2. 巨大的撞击力粉碎了小行星，撞飞了地球岩石。

3. 飞入太空的地球岩石和小行星的碎片被地球引力捕获。

地球

月球

4. 碎片慢慢聚合形成了月球。

面罩

TV摄像机

头盔

通信装备

硬质宇航服上衣

控制板

温度控制阀

手套

登月靴

宇航服十分昂贵，它能够提供男女宇航员所需要的一切，甚至包括饮用水和成人纸尿裤，以备不时之需。

穿上宇航服

在宇宙飞船或者太空基地外活动时，宇航员需要穿上重重的宇航服。美国国家航空航天局的宇航服为舱外机动装置，宇航服在为宇航员提供呼吸所需空气的同时，还能够阻挡危险的太空辐射和抵御低温。

月球基地

万一地球上发生灾难，月球基地将是安全的避难所。同时，月球也是理想的发射台，可以用来进行火星移民、太阳系探测和深空探测。月球的重力只有地球的17%，所以在月球上发射宇宙飞船要容易得多。

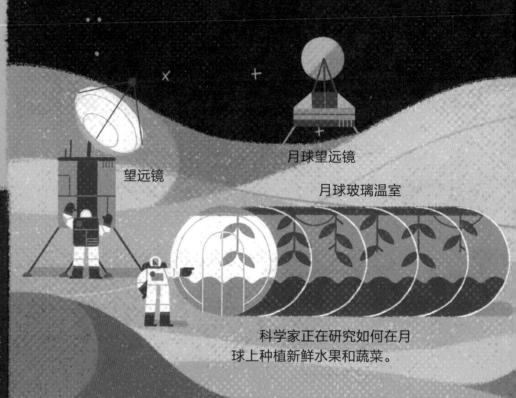

望远镜

月球望远镜

月球玻璃温室

科学家正在研究如何在月球上种植新鲜水果和蔬菜。

奔向月球

太空探索之旅的下一站是离我们最近的邻居：月球。月球距离地球38.5万千米。从宇宙的尺度看，月球和地球就是一墙之隔的邻居。但是，自从1972年最后一次阿波罗任务后，人类再也没有踏上月球。太空之旅需要一流的技术支持，并且耗资巨大。载人登月需要火箭和飞船，火箭是运载发射装置，负责飞离地面；飞船由太空舱（运载宇航员）和着陆舱组成，负责完成三天行程。一些国家的科学家，甚至有些私人公司正计划重返月球。他们计划未来10年或20年内在月球建立永久基地。随着太空旅游的发展，你可能有幸在月球漫步。

地球

金星

白天，太阳能电池板将太阳能转化为电，并将部分电储存起来晚上使用。

月球车

一号小型基地

地下建筑保护人类免于遭受辐射和低温。

月球旅店豪华穹顶

在月球上住几个月，我们将能知道人体如何应对太空居住带来的挑战。即使在月球上生活发生意外，人类回到地球的路途也并不遥远。

二号月球基地

地球

奥尔德林将美国国旗插入坚硬的月面，并面向镜头敬礼。

阿波罗11号

1969年7月，人类第一次实现登月。美国宇航员尼尔·阿姆斯特朗和巴兹·奥尔德林将美国国旗插在了月球上，并与总统进行了月地通话。然后，他们在返回登月舱前收集了几块岩石样本。

为登月特别设计的美国国旗

鹰号登月舱

宇航服

阿波罗11号的登月点是表面平整的"静海"。

测震仪

飞向太阳

今天的探索之旅将非常"热"，而且是名副其实的热：我们将飞向太阳！从距离上看，整个旅程大概是1.5亿千米。我们将以光速前进，因而抵达那里只需要8分钟。尽管我们把它称为太阳，但实际上它是一颗恒星，就和我们在夜空中看到的其他大多数恒星一样，只不过它离地球更近而已。像其他恒星一样，太阳是体形巨大、熊熊燃烧的气态球。在太阳的核心，通过核聚变反应，氢转换为氦。这个过程产生了巨大的能量，以热和光的形式辐射出来。太阳占整个太阳系质量的99.8%，它的巨大引力使行星、卫星、小行星和彗星都围绕太阳运行。

太阳黑子

太阳黑子是指太阳表面颜色较暗的区域。太阳的磁场变化导致黑子产生。黑子的活动周期为11年。

核　心

太阳的核心就像是一个巨大的核反应堆，温度超过1500万℃。

辐射区

太阳核心的能量通过辐射区逐渐释放到太阳表面。能量穿越辐射区需要10万年。

对流层

太阳能量在这个区域流动。

光球层

太阳最外面的气体圈层，几乎所有的可见光都是从这一层辐射出来的。

日　冕

太阳大气的最外层。

如果我们能够收集1秒内太阳活动所产生的能量，这将能满足地球上5亿年内人类所有的能量需求。

太阳风

太阳风是日冕释放出的一股带电粒子流，以160万千米/小时的速度穿过太阳系。极强的太阳风暴可以中断电力网络和使卫星失效。幸运的是，地球的磁场可以保护我们。一些科学家曾设想建造带有巨帆的宇宙飞船，来捕捉太阳风作为飞船遨游宇宙的动力，这样就不用燃料了。

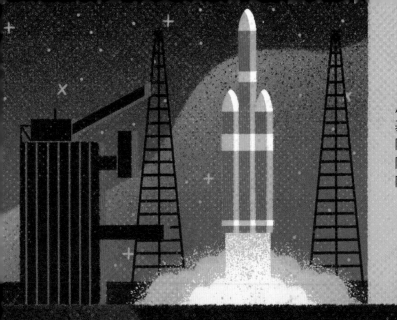

帕克太阳探测器从卡纳维拉尔角空军基地发射升空。帕克太阳探测器试图解密太阳风，并探究日冕比太阳表面更热的原因。

飞越太阳

2018年8月，美国国家航空航天局将帕克太阳探测器送入了太空。这是美国国家航空航天局迄今为止执行的最"热"、最"酷"的任务之一。帕克太阳探测器大约有一辆小汽车那么大。它现在已经打破了两项重要太空记录：第一，它的飞行速度超过了其他任何人造物体；第二，它比其他任何航天器都更接近太阳。在未来6年内，它将不断打破这两项纪录。2024年，它将达到约69.5万千米/小时的最高时速；2025年，它将到达最接近太阳的位置，随后将冲入距离太阳表面仅仅600万千米的太阳最外层大气——日冕。

帕克太阳探测器
该探测器以科学家尤金·帕克的名字命名，他解释了太阳风的成因。

太阳耀斑
当太阳突然释放存储的磁能时，表面就会爆发大量的太阳耀斑。

帕克太阳探测器的保护罩厚约12厘米，这使探测器可以穿越高达1400℃的高温，起到保护探测器的作用。

飞向太阳的"登机牌"

美国国家航空航天局邀请公众在线提交姓名，每个被确认的名字都将获得一张"登机牌"。这些姓名被录入微芯片中，放在探测器上。这次活动征集的110多万个名字已经随着帕克太阳探测器一起出征，踏上了历史性的冒险之旅。

飞越

帕克太阳探测器于2018年10月首次成功飞越太阳。在接下来的7年里，它还将23次近距离飞越太阳。

飞越轨迹
太阳

太阳系

在继续下一段冒险之旅前，让我们先稍等片刻，看看我们周围的"邻居"。我们需要为后面的旅行做好规划。地球是围绕太阳公转的八颗行星之一。太阳系中除了行星，还有数百万颗小行星和数十亿颗彗星，以及矮行星、卫星、尘埃和气体。它们组成了巨大旋转圆盘围绕太阳运转。这就是我们的太阳系。

束缚在轨道上

物体越大，引力越大。太阳实在太大了，它强大的引力把太阳系中的所有天体都吸住了。同时，这些高速运转的天体试图飞离太阳，逃逸到外太空去。博弈的结果是所有天体都被束缚在轨道上，达到一种飞向太阳和逃逸到外太空之间的平衡状态。

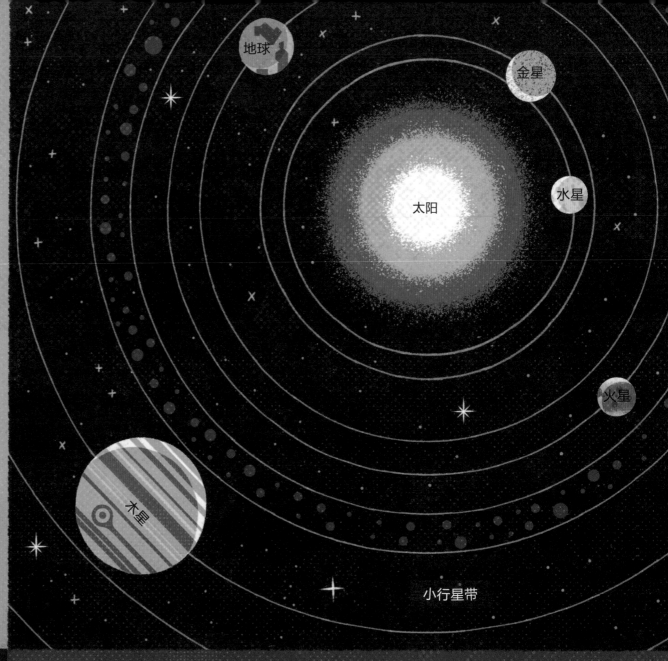

行星

八大行星可以分为两组。带内行星组有四颗行星，其中包括地球，特点是小且多岩石；带外行星组也有四颗行星，其特点是大且呈气态。带内行星表面坚硬并含有大量金属。带外行星中，最大的两颗是木星和土星，主要由氢和氦组成，属于气态巨行星。离太阳最远的两颗行星是天王星和海王星，由不同类型的冰组成，被称为冰巨行星。

从图中可以看出太阳系中行星的相对大小。

土星

海王星

天王星

柯伊伯带

太阳系的诞生

　　我们的太阳系形成于大约46亿年前，起源于由星际气体和尘埃组成的巨大云团。当云团坍缩时，太阳就形成了。而坍缩的原因可能是附近一颗恒星爆炸产生的冲击波。行星随之聚集在太阳周围。

1. 由尘埃、氢和其他气体组成的巨大云团在宇宙中飘荡。

2. 云团坍缩。其中心地带温度极度升高，引发核聚变反应，太阳随之诞生了。围绕它的是由气体和尘埃组成的旋转的巨盘。

3. 围绕太阳旋转的物质逐渐开始聚合，行星及其卫星随之形成。

4. 时至今日，我们已经搞清楚太阳系中的行星，但是仍然有一些构成行星的剩余材料有待我们进一步探索，尤其是在小行星带和更远的柯伊伯带。

矮行星

　　太阳系也有数量不详的矮行星。到目前为止，被正式承认的矮行星只有5颗，还有数百颗等待确认。矮行星是圆形的，并且在各自的轨道上围绕太阳运行。除了谷神星，已发现的其他矮行星都位于太阳系边缘的柯伊伯带。

阋神星

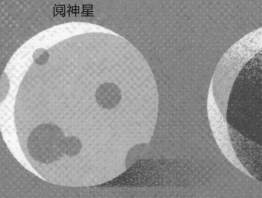

冥王星

妊神星

鸟神星

谷神星

水星谜团

太阳系的带内行星中，人类探索最少的要数水星了。到目前为止，只有两个探测任务到访过水星：水手10号（1975年）和信使号（2011~2014年）。这两个卫星任务已经解答了很多问题，但仍然有很多谜团等待贝皮科伦布任务去揭开面纱。

水星

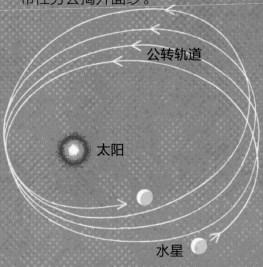

公转轨道

太阳

水星

结　构

水星拥有一个非常大的铁质核。可能的解释有两个：一是，在水星形成的过程中，炙热的太阳把水星表层蒸发掉了；二是，水星可能撞上了其他星体，把表层给撞掉了。

轨　道

水星绕太阳公转一周只需要88天，公转速度比太阳系其他行星都要快。水星的轨道是高度椭圆的。也就是说，水星有时离太阳很近，有时却非常遥远。现在我们还不知道原因是什么。

移民水星的设想还包括在地下挖洞或在水星表面建造大型穹顶。穹顶内的供氧由从水星岩石中提取的氧气来解决。水星两极有冰，人们可以在穹顶内融化这些冰，来生成水蒸气并解决灌溉问题。这样，穹顶内部就逐渐形成了适宜居住的环境。

贝皮科伦布水星探测器

这项令人期待的新水星任务是2018年发射的，将于2025年进入水星轨道。贝皮科伦布水星探测器由欧洲和日本联合研制，由三部分组成。到达水星后，这三部分将分离。探测器将探究水星的起源、结构、撞击坑、磁场等。

耐高温的厚绝缘层

太阳能电池板

水星

水星

建议你们为这次旅行做好充分的准备！我们正计划飞往太阳系中最小的行星，也是离太阳最近的行星：水星。水星不是太阳系中最热的，但它是行星中温度波动最大的。如果不穿特殊的宇航服，白天高温430℃会把你烤焦，晚上低温−180℃会把你速冻。水星大气极其稀薄。没有大气的保护，水星不断遭受小行星撞击。水星表面麻点似的撞击坑也证明了这一点。转念一想，也许我们今天将只是飞越水星，俯视一下水星贫瘠的表面。虽然现在不能登陆，但是我们知道，数百年后我们可能会在水星建立一个基地。

我们能移民水星吗？

在水星上生活会很有挑战性。除了极端高温和低温以外，水星大气极其稀薄。尽管如此，水星的资源对人们还是很有吸引力的。如果可以开采，水星上的矿物质足以满足人类几百年的需求。另外，水星距离太阳很近，这意味着它将是理想的能源来源地。借助大量的太阳能电池板就可以获取这些能源，并输送回地球，以及月球或太阳系其他地方的人类基地。

建立移动水星基地是战胜水星致命气候的一种方法。移动基地将始终处于水星白天和夜晚之间的黄昏地带，那里的温度是人类可以承受的。水星自转缓慢，水星上的一天相当于58.6个地球日。所以建立移动基地的想法并不像听起来那么疯狂。

几百年后水星上的移动基地。

水星拥有太阳系中最大的撞击坑之一：卡路里盆地。盆地直径大约为1560千米，它一定是被一颗直径超过100千米的星体撞击而成的。

水星没有天然卫星。

小行星

卡路里盆地

水星

小行星

彗星

撞击坑

信使号对水星进行了测绘。所以现在我们知道水星表面有些地方到处坑坑洼洼，撞击坑密布，它们主要是由小行星和彗星撞击水星形成的。水星表面其他地方则十分平坦，并分布有高高的悬崖和山脉。

信使号

2015年，美国国家航空航天局的信使号探测器撞击水星，给水星又添了一个撞击坑。

金星

金星的环境非常恶劣。金星被称为地球的"姐妹星"，但却是地狱般的存在。乍一看，这两颗行星看起来很相似：大小大致相同，组成和质量相似，与太阳的距离也差不多。但两颗行星的相似之处也仅限于此了。金星笼罩在厚厚的云层中，这让我们很难看到金星的表面。然而已经有空间探测器透过云层窥探了这个贫瘠的世界。金星云层中充满了硫酸。浓密的大气使金星的大气压非常大，是地球的90倍。此外，金星是太阳系中最热的行星，白天的温度可以飙升到470℃。考虑到这一点，你就会明白为什么我们今天不会着陆金星！

金星-D

金星-D是俄罗斯金星探测任务，计划于2026年或2031年发射。金星-D任务由一个轨道器和一个着陆器组成。着陆器能够在金星恶劣的环境中运行2个小时。有几个早期的金星探测器已经在金星着陆。事实上，1967年，金星四号成为第一个着陆地球以外其他行星的航天器。这些探测器只在金星表面运行了1至2小时，但是传回了许多重要信息。

山脉和火山

玛特蒙斯火山是一座高8千米的巨型火山。这在金星上的火山中是最高的。另外，金星上也分布有山脉。

金星大气机动平台任务

这架金星飞机被称为金星大气机动平台，它将探测金星大气层来寻找生命迹象，还将开展大气测量。该任务由私人航天公司研发，将搭乘另外一个航天器（有可能是上图的金星-D）飞往金星。

金星大气机动平台飞机

温室效应

大部分阳光无法穿过金星上空厚厚的云层。少量穿过云层射向金星表面的阳光转变成热量，但热量无法穿过云层逃逸出去。这就是金星如此炎热的原因。

云层反射了大部分阳光

部分阳光穿过云层

厚云层

阳光转化成热量

热量无法逃逸

漂浮的基地

　　美国国家航空航天局正在考虑一个探测金星的大胆方案，叫作高海拔金星操作概念任务。这个方案使用形似齐柏林飞艇的飞船，在飞船内注入氦，这样飞船就可以漂浮在距离金星表面50千米的有毒云层上。这项任务极其复杂，近期应该不会实施。

永久性漂浮飞船

高海拔金星操作概念任务飞船

　　有些科学家认为，金星云层下面有可能隐藏着一些惊人的秘密。数十亿年前，当太阳的温度比现在低时，金星上可能存在原始生命。正如一位天体生物学家所说："如果以前金星上没有生命，那么我们真的不理解为什么地球上有生命。"高海拔金星操作概念任务将有助于人类更好地了解这些。

红色行星

火星表层由富含铁的红色岩石和尘埃覆盖。大风常常会引起持续数周的沙尘暴。火星上几乎没有液态水，水是以冰的形式存在。火星两极都有冰盖。

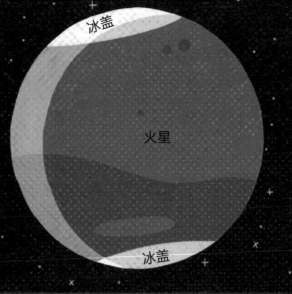

冰盖

火星

冰盖

假星际人

星际人

2018年，美国一家私人太空公司——太空探索科技公司的创始人埃隆·马斯克将他的特斯拉跑车送入了太空。搭载这辆跑车的猎鹰重型运载火箭是目前最强大的火箭。跑车上还装载了一名假人驾驶员。跑车进入太阳轨道的那一刻，宣告了作家大卫·鲍伊笔下《火星生活》的开始。

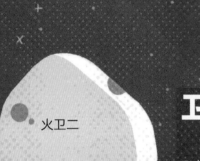

火卫二

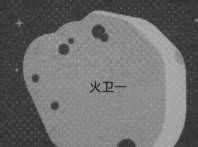

火卫一

卫星

火星有两颗天然卫星：德伊莫斯（火卫二）和福布斯（火卫一）。这两颗卫星都很小，并且形状不规则。与地球的卫星——月球不同，这两颗卫星不是圆的，外形更像大块岩石。

好奇号探测器

好奇号探测器于2012年着陆火星，现在仍然表现强劲。探测器大小和一辆汽车差不多。好奇号发现了有30亿年历史的有机分子，这表明：很久以前，火星上可能有生命存在。虽然到现在为止还没有证据证明这一点，但是研究还在继续。

好奇号上装有17个摄像头，用来避障、导航和记录火星地表。

火星基地

人类第一个火星基地将最晚于2040年建立。我们已经掌握了大部分火星移民的技术。中国、美国和俄罗斯三国政府都在研究火星移民。此外，参与研究的还有几家私人公司。将来有一天，你甚至可以自己去火星！

入驻火星的第一批人很可能生活在太空穹顶里，以躲避空气缺氧、极寒、低压和高辐射等不利因素。另一种可能是住在地下。

火星穹顶

火星车

火星宇航服被称为"野战服"，必须极其耐用。因为火星上极端寒冷，空气里几乎全是二氧化碳。即使宇航服上的一个小洞都将是致命的。

火星

现在我们的飞船正盘旋在火星上空，准备在这颗红色星球上着陆。很多人认为，火星将是第一个人类可以进行永久性太空移民的地方。在着陆前，让我们先来了解一下火星。火星大小约是地球的一半，这个红色星球上没有液态水。火星表面完全被有毒的贫瘠岩石和沙子覆盖。火星是距离太阳第四近的行星，比地球冷得多。由于火星自身引力不足，无法束缚住稠密的大气，火星的空气中几乎没有氧气。一个火星日是24.6小时，比地球日要稍微长一点。和地球一样，火星也有季节变化，但季节持续时间比地球更长，气候也更加极端。火星有可能曾经孕育过生命，但现在环境却非常恶劣。尤其对人类来说，这种环境更显得恶劣。人类移民红色星球的可能性是有的，但这将面临前所未有的挑战，并且相当昂贵。

洞察号着陆器

美国国家航空航天局的洞察号着陆器于2018年底着陆火星，随后很快在火星部署了地震仪和一个热探测仪，来探测火星表面之下的世界。着陆器将记录"火星地震"并弄清楚火星的构造。

太阳能电池板

太阳能电池板

地震仪

热探测仪

无人探测器已经抵达火星表面并安全着陆。至于载人着陆火星，人和沉重的物资很可能会被分到不同的舱段来运至火星。

火星农场

火星日出

火箭

飞往火星的航天器也需要具备再次离开火星的能力，这样人们才可以返航回家或者继续飞往深空。

太空中的露西号

美国国家航空航天局计划于2021年发射"露西"号小行星探测器，它将成为第一个造访特洛伊小行星群的航天器。这项令人期待的小行星探测任务将在12年内造访7颗小行星，收集到的信息将解密太阳系的起源。

露西号探测器

特洛伊小行星群

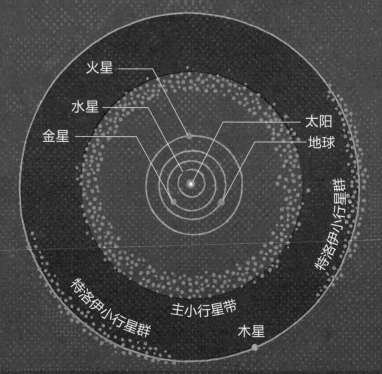

火星
水星
金星
太阳
地球
特洛伊小行星群
特洛伊小行星群
主小行星带
木星
木星

主小行星带及其他

大部分小行星分布在火星和木星之间的小行星带轨道上，围绕太阳运转。另外，还有两个与木星共享轨道的大型小行星群，被称为特洛伊小行星群。除此之外，还有数千颗散布在4颗带内行星之间。

人类能否在小行星上生活？

可以，但是肯定不够舒适，而且近期也不可能实现。小行星没有大气，所以人类会完全暴露在危险的辐射和宇宙射线下。小行星引力很弱，人体很难承受。我们不得不在小行星上建设防护装置和增加人工引力。相对来说，开采小行星的可能性更大。很多小行星富含黄金和铂等矿物。如果未来地球上这些资源枯竭，从成本上看，那时开采小行星就可行了。

这枚火箭上装满了太空采矿人捕获的小行星。这些小行星将被运回地球进行加工。

未来某一天，小行星上的载人采矿站或许是这样。

小行星

现在我们飞离火星，全速前往小行星带。不断映入眼帘的是冰块似的飞石，我们称之为小行星。这些小行星相距很远，所以我们有足够的空间，可以安全地穿过主小行星带。小行星是太阳系形成后的物质残余。主小行星带的小行星本来有机会聚合为一颗行星，但是木星巨大的引力阻止了这些岩石的聚合。科幻小说里充斥着人类登陆小行星，开采金属，甚至移民的故事。那就让我们仔细研究一下小行星吧。

和行星一样，小行星绕太阳公转。但是与行星相比，它们要小得多。小行星的尺寸大到几百千米宽，小到一颗鹅卵石大小，不一而足。

最大的四颗小行星

最大的四颗小行星分别是谷神星、灶神星、智神星和婚神星，这四颗小行星的质量约占整个小行星带总质量的一半。谷神星大到可以算作矮行星。

谷神星　　　　灶神星　　　　智神星　　　　婚神星

双小行星重定向测试演练

小行星带以内的太阳系里有一些小行星离地球非常近。这些小行星被称为近地天体。大约每隔1000万年，就会有一颗大型小行星撞击地球，造成毁灭性的后果。科学家们正密切关注这些近地天体，他们甚至对如何防止灾难性的碰撞而进行演练。双小行星重定向测试就是其中一种演练。

万一发生了近地天体飞向地球的情况，最好的办法就是设法使它偏离轨道。

迪迪莫斯

双小行星重定向测试航天器

迪莫弗斯

美国国家航空航天局的双小行星重定向测试航天器将于2022年接近一颗名为迪迪莫斯（Didymos）的近地天体。这颗小行星有一颗"小月亮"，名为迪莫弗斯（Dimorphos）。迪莫弗斯是美国国家航空航天局的目标。双小行星重定向测试航天器将以2.2万千米/小时的速度猛击迪莫弗斯，试图"推"它一把，使它稍微改变轨道方向。

洞穿木星

你可能会认为，如果木星是由气体组成的，那么人可以从木星上空跳下去，穿越木星后从下方出来。实际上，洞穿木星是不可能的，原因有很多。首先，辐射是致命的，并且木星气体有毒。即使穿上超强的防辐射宇航服，人也会被木星内部的巨大压力压扁并被高温烧焦。

50千米厚的云层
气态氢
液态氢
液态金属氢
核心
木星

木星

此刻，出现在我们右手边的就是木星，也是太阳系中最大的行星。这颗气态巨行星的质量是太阳系中其他行星质量总和的2.5倍。木星大到几乎可以成为一颗恒星。如果木星的质量再大一点，它核心的温度就可以高到引发核聚变，这样木星就会像太阳一样发光。尽管木星个头很大，但它的旋转速度却非常快，这也造成了木星腰部膨胀突出，且木星上的一天不足10个小时。我们可以快速飞越木星，欣赏它无与伦比的美。但是我们不能着陆，因为与带内行星不同，木星没有坚固的外壳。木星几乎全部由气体组成。

伽利略卫星

意大利天文学家伽利略·伽利雷于1610年发现了木星四颗最大的天然卫星——伽利略卫星。它们都比矮行星还要大。木卫三是太阳系中最大的卫星，甚至比水星还要大。

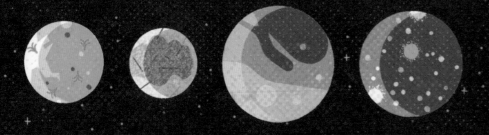

木卫一　　　木卫二　　　木卫三　　　木卫四

木星的所有卫星

木星有79颗天然卫星，其中木卫三是太阳系中最大的卫星。伽利略卫星的轨道离木星最近。外层卫星运行的轨道方向与木星自转方向相反，这表明这些卫星很可能是被木星引力捕获的小行星。

伽利略卫星　　　　　　　　外侧卫星

木星冰月探测任务

欧洲空间局的木星冰月探测器将于2029年到达木星，并开始观测木星以及它最大的三颗卫星。此外，探测器将尝试登陆木卫二。

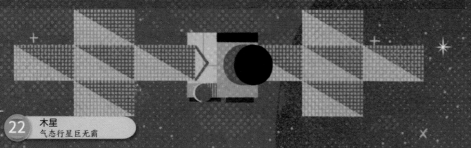

起底木星极区

人类从地球上无法看到木星的极区。朱诺号探测器发回了木星极区的第一张图像。科学家们惊奇地发现木星的两极被巨型风暴所覆盖。

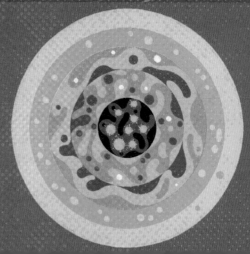

朱诺号探测器

朱诺号探测器是最近一个造访木星的卫星任务。探测器正在传回令人惊奇的图像和数据，该探测任务已经延寿至2021年。朱诺号已经进入到木星表面云层上空3500千米以内的区域，大大加深了人类对木星起源和结构的了解。

木星

木星表面被许多色带包裹。浅色带被称为区，是木星大气上升的地方。深色带被称为带，是大气下沉的地方。

朱诺号

朱诺号于2011年发射升空，大约6年后进入木星轨道。与其他带外行星空间探测器不同，朱诺号的能源来自大型太阳能电池板。

大红斑

大红斑

大红斑是木星表面的一场风暴，已经肆虐了至少350年。这场风暴的直径约为16350千米，大约是地球直径的1.3倍。

土卫六上的蜻蜓号

美国国家航空航天局已经批准了一项令人兴奋的任务提案：发射无人探测器蜻蜓号到土星最大的卫星——土卫六。蜻蜓号就像一个移动科学实验室，主要研究土卫六的表面，以寻找生命的踪迹。蜻蜓号将进行一系列受控起降，用两年多的时间对土卫六不同的地点进行取样。

土星

1. 蜻蜓号首次着陆将借助降落伞。

2. 蜻蜓号飞离，并垂直着陆。

土卫六是土星最大的卫星，也是太阳系里仅次于木卫三的第二大天然卫星。个头比水星还要大。

3. 蜻蜓号将在土卫六表层地面取样，并进行检测，之后把检测结果传回地球。

土星冷知识

土星很大。论个头，它是太阳系中仅次于木星的第二大行星。到底有多大呢？土星的直径上可以并排摆放9个地球！土星里可以放进763个地球！

土星

地球

土星的风速在太阳系行星里排名第二。高空大气风速可达1800千米/小时。土星大风与从土星内部升起的热量共同作用，使土星表面呈现出美丽的黄色和金色条纹。

被吹跑的宇航员

土星是太阳系中密度最小的行星，比水的密度还要小。如果能找到一片足够大的海洋，土星可以浮在海面上。

土星

水

亮晶晶的水世界

土卫二是土星的第六大卫星，直径大约500千米。虽然土卫二不是很大，但却让科学家们着迷。这颗小卫星表面全部被海洋覆盖，最外层呈现出冰冻的固态。在内部，土卫二似乎制造了大量热量，但至今我们仍然对其中的原因知之甚少。人类已经在土卫二上发现了一些构建地球生命的化学物质。由此，科学家们认为土卫二可能孕育了生命。

冰壳

全球海洋

岩石核心

土卫二

土卫二冰冻的外壳可以反射光线。从远处看，土卫二是亮晶晶的。从土卫二上喷出的冰流为一个土星环提供了原料。

土星

现在我们正向土星靠近。土星是太阳系的第二大行星，距离太阳第六远。眼前的景色真是令人叹为观止！土星自带壮观的土星环系统。土星环延伸至土星以外28.2万千米。尽管土星环很宽，但它们的厚度只有1千米，每个土星环以不同的速度围绕土星运行。土星至少有82颗天然卫星，这些卫星分布在土星环之间，以及土星环以外的区域。其中有13颗卫星的直径超过50千米，只有7颗被当作主要卫星。像木星一样，土星本身是一颗气态巨行星，大气主要由氢和氦组成。土星与地球的距离非常遥远，目前只有四个任务曾经到访过：先锋11号、旅行者1号、旅行者2号和卡西尼-惠更斯号。

4. 对不同地点的取样进行检测，有助于科学家掌握土卫六的整体情况。

卡西尼-惠更斯号

自2004年起至2017年，卡西尼-惠更斯号任务对土星进行了13年探测。该航天器由两部分组成：惠更斯舱和卡西尼探测器。这两部分携手开启星际旅行，于2004年7月一起进入土星轨道。2004年12月25日，惠更斯舱飞离卡西尼探测器，着陆土卫六，并向地球传回了大约90分钟的数据。卡西尼探测器则开始环绕土星运行，直至2017年。

卡西尼探测器超出设计寿命后又继续工作了很长时间。在任务尾声，卡西尼探测器在土星和土星环之间进行了一系列的冒险操作。最后，卡西尼探测器被移出轨道，烧毁在了土星大气中。

土星环系统

荷兰天文学家克里斯蒂安·惠更斯于1655年首次发现了土星环。自那以来，科学家们发现，土星有几个主要的环系统，每个环系统由一系列狭窄的环组成。所以，实际上有数千个环围绕着土星运转。没人知道这些环最初是如何形成的。有种可能的解释是冰卫星或冰彗星离土星太近，而被土星的引力撕裂，从而形成了土星环。

土星

土星环是由数十亿块大小不等的冰块组成的，小到微小的斑点，大到一辆公共汽车。

旅行者1号和旅行者2号

美国国家航空航天局的旅行者1号和旅行者2号于1977年发射升空，这对"孪生兄弟"的发射时间仅仅隔了16天。旅行者号最初的科学任务是研究外太阳系。这两个航天器都对木星和土星进行了探测，随后旅行者2号继续对天王星和海王星进行了观测。现在两个卫星任务都已经进入星际空间，仍然通过深空网络传回科学数据。

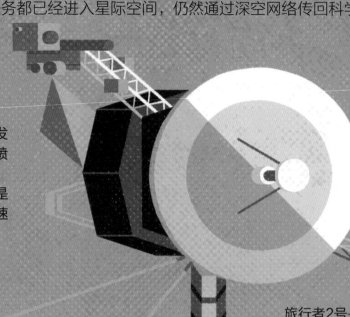

旅行者号的惊人发现包括木卫一上的火山喷发、海卫一上的间歇泉，以及终端激波——也就是太阳风在太阳系边缘减速的区域。

旅行者2号是目前唯一造访过天王星的航天器。

镀金唱片

旅行者1号和2号都带有一张直径30厘米的镀金铜制唱片，里面存储了对它们可能遇到的外星生命的问候。唱片内含115张图像和来自地球的一系列不同的声音，有精选音乐和55种语言的口头问候。

访问天卫三

现在我们已经着陆天王星最大的卫星——天卫三。天卫三是在1787年被发现的。它的直径约1600千米。天卫三的组成大约是一半水冰和一半岩石。这里极其寒冷，所以我们要穿上超级保暖的宇航服。我们还要自带空气供给设备，因为天卫三上没有大气。

从天卫三看天王星是非常壮观的。景色虽好，但是我们不能久留，因为这里实在太冷了！

天王星

在我们前方隐约可见的就是天王星，它是太阳系的第三大行星，距离太阳第七远。和其他气态巨行星一样，天王星有很多天然卫星和一个环系统。天王星最显著的特点是它呈现出侧翻的状态。天王星和它的邻居海王星都被称为"冰巨星"，原因是这两颗行星上蕴藏着丰富的甲烷冰、水冰和氨冰。天王星也可能是最臭的行星，因为科学家发现它的高云中含有硫化氢——一种闻起来像臭鸡蛋的气体！由于天王星远离太阳，所以接收到的光和热非常少。这里极其寒冷。

环

天王星环很窄并且形成时间不长。天王星环并不是在天王星形成时就有的，这些环主要由尘埃和小块黑色岩石物质组成。直到1977年，人类才发现了天王星环。

天卫一

天卫二

天王星

天卫五

卫星

已知的天王星天然卫星有27颗。这些卫星一般分为三类：13颗内侧卫星，5颗大卫星和9颗不规则卫星。

天卫四

天王星卫星的英文名都是以威廉·莎士比亚和亚历山大·蒲柏作品中的人物命名的。

被撞成侧翻状态

科学家认为，就在太阳系形成时期，天王星与一个相当大的天体发生了撞击，被撞成侧翻状态。当天王星绕着太阳公转时，侧躺着的天王星赤道几乎与轨道成直角，天王星的两极一极正对太阳，一极背对太阳。

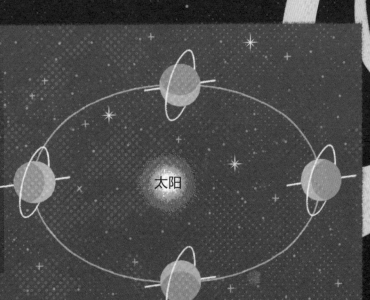

太阳

天卫三

海王星

海王星

海王星是离太阳最远的行星。当我们的太空之旅接近海王星时，飞船仪表盘显示此刻我们距离地球43亿千米。我们花了12年时间才到达这里。如果要发电子邮件告诉地球上的朋友你已经到达海王星，那么按下发送键后4个小时，你的朋友才能收到邮件。当我们在这颗蓝色冰巨星上空盘旋时，能观察到天王星大气中的风暴系统，这些风暴系统的规模像地球这么大。海王星风速可达2400千米/小时，因此也是风力最强的行星。由于构成海王星的气体中包含甲烷，整个海王星呈现出令人惊奇的蓝色。

海王星有6个微弱的环，每一个环都以一位天文学家的名字命名。

1989年，旅行者2号在海王星上发现了一个类似于木星大红斑的巨大风暴。5年后，哈勃太空望远镜没有观测到这个风暴，但却在海王星北半球发现了另一个风暴。

海王星的发现源于数学计算

法国和英国的天文学家在1846通过计算天王星轨道的变化发现了海王星的存在。一年以后，柏林的科学家们在英法两国天文学家计算出的位置上发现了海王星。似乎伽利略·伽利雷早在1613年就发现了海王星，但是误将它当成了一颗恒星。

旅行者2号是目前唯一造访过海王星的航天器。我们对这颗遥远行星的了解还远远不够。

结构

和天王星一样，海王星的大气也是由氢、氦和甲烷组成的。在海王星内部，这些气体被压缩成围绕海王星核心的奇特物质。海王星的核心很可能是由岩石和铁组成的。

气体：氢、甲烷、氦

高层大气和云层

水冰、氨冰和甲烷冰

岩石核心

海王星

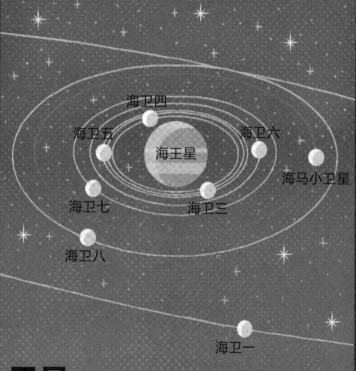

海卫四
海卫五
海卫六
海王星
海马小卫星
海卫七
海卫三
海卫八
海卫一

卫星

已知的海王星天然卫星有14颗，都是以希腊神话中的水神和神灵命名的。其中内侧卫星和外侧卫星各7颗。如上图所示，内侧卫星的轨道都是圆形的，而外侧卫星的轨道都是宽椭圆形的。

特里顿跳跃探测器

特里顿跳跃探测器是美国国家航空航天局提出的实现在海卫一着陆的任务计划。探测器将利用海王星表面的氮气作为动力，将自己驱动至多个位置。探测器不仅拍照，还将对冰进行取样分析，甚至可能飞越间歇泉，去探究间歇泉的组成物质。

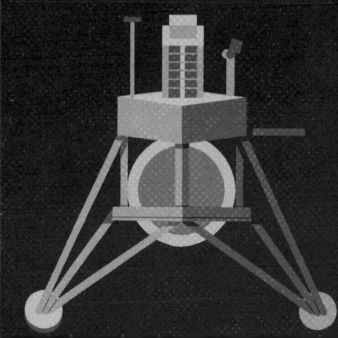

神奇的海卫一

海卫一是海王星14颗卫星中最大的。它是在1846年被发现的，仅仅比海王星的发现晚了17天。海卫一是一颗奇特的卫星，因为它的轨道与太阳系中几乎所有其他卫星的轨道相反。这使得科学家们认为海卫一曾是柯伊伯带中的天体，后来被海王星引力捕获。大约30亿年内，它将撞向海王星，并完全湮灭。

如果我们在这里着陆，你将需要一套超级保暖的宇航服。海卫一是太阳系中已知的最冷的天体，平均表面温度为-235℃。海卫一只有微量的大气，所以你需要佩戴制氧设备，而且这里的引力只有地球的8%，行走可能会很困难。然而，你可以欣赏到壮观的彩色冰、平坦的平原和美丽的间歇泉。

海王星

间歇泉

间歇泉

我们在海卫一上看海王星从地平线升起。

旅行者2号是唯一造访过海卫一的航天器。1989年，它飞越海卫一并传回了尘埃和氮气间歇泉从海卫一地壳喷发而出的图像。间歇泉能够连续数年向空中喷射8千米高的冰羽。

新视野号

2006年发射的新视野号空间探测器的目标是探测冥王星和其他柯伊伯带天体，并探究太阳系的起源。新视野号的速度比喷气式客机快100倍。它于2015年7月抵达冥王星，使我们第一次真正意义上一睹冥王星面貌。新视野号离开冥王星后，继续飞往一个名为"天空"的冰封的柯伊伯带天体，并于2019年元旦完成了一次飞越。将这次飞越的信息传回地球就需要超过15个月时间。新视野号的燃料足够支撑探测器继续飞行20年。天文学家们期待未来能收到更多令人惊奇的信息和图像。

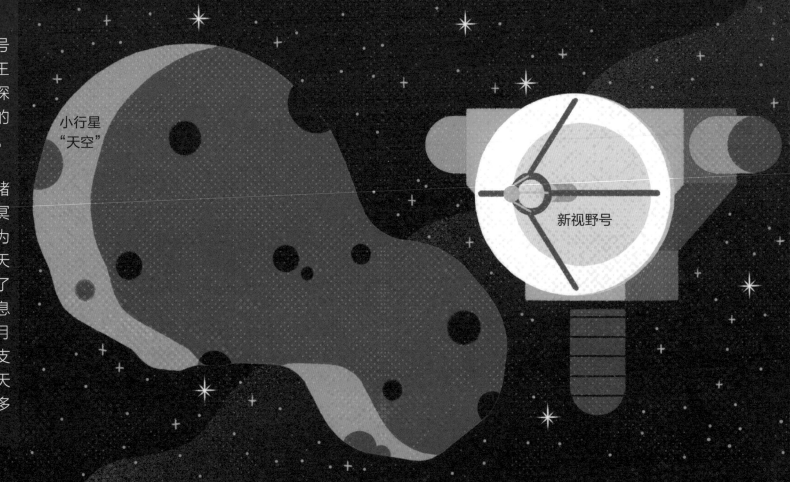

小行星"天空"

新视野号

彗星

彗星是环绕太阳运行的小型冰封天体。接近太阳时，彗星会升温并释放出气体和尘埃。这一过程中产生了明亮且会发光的彗发和长长的彗尾。彗发比大部分行星都要大，而彗尾可长达数百万千米。目前已知且已命名的彗星只有几千颗，但人们猜测在柯伊伯带和奥尔特云中可能还有数十亿颗。

彗星由太阳系形成后的残余物质构成，主要是冰和岩石。天文学家称之为"脏雪球"。每颗彗星都有一个小型的冰封核心，被称为彗核。彗星在靠近太阳时变大，飞离太阳时会再次冻结。每次轨道变化都会让彗星比之前变小一点。

大部分彗星沿着长椭圆形轨道运行。也就是说，在近日点，彗星离太阳很近；而在远日点，彗星会进入到太阳系最边缘的区域。

太阳

右图：
绕太阳运行的彗星

太阳系的边缘

随着身后的海王星渐渐远去，现在我们的探险之旅将进入到太阳系的边缘区域。回眸一望，太阳也只不过是一颗比较亮的恒星而已，在这里我们几乎看不到太阳光，也感受不到太阳的热量。很快我们将进入柯伊伯带，那里有数万亿的冰封天体和冥王星、阅神星等矮行星。柯伊伯带的距离尺度巨大。如果我们真的能走完这段旅程，从海王星到奥尔特云的边界将耗时300多年，而飞越奥尔特云还需要3万年。

| 1 | 10 | 100 旅行者1号 | 1000 | 10000 | 100000 | 1000000 |

太阳　水星　金星　地球　火星　木星　土星　天王星　海王星　终端激波　　　　　　　　　　　　　　　　　　　　　　阿尔法星　格利泽445

上图显示了太阳与离我们最近的恒星邻居半人马座阿尔法星之间的距离，以及太阳和另一颗恒星格利泽445之间的距离：100万个天文单位（AUs）。在这里，距离以天文单位来衡量。1个天文单位约为1.5亿千米，也就是地球到太阳的平均距离。

奥尔特云

天文学家们认为，在柯伊伯带之外很远的地方，有一个由冰质物体组成的球体包围着的巨大圆盘，被称为奥尔特云。奥尔特云实在太远了，所以它与太阳系的联系也若即若离。奥尔特云的边缘被认为是太阳系的边缘。

奥尔特云球

奥尔特云盘

太阳

柯伊伯带

柯伊伯带是中间有一个洞的巨大圆盘，围绕太阳运行，圆盘中间有一个洞。柯伊伯带覆盖的区域从海王星轨道向外延伸约74亿千米。这片寒冷广阔的区域里有数万亿个太阳系形成时残留的冰质天体。柯伊伯带和小行星带有许多相似之处，但这里的天体（被称为经典柯伊伯带天体）的组成成分主要是冰而不是岩石。

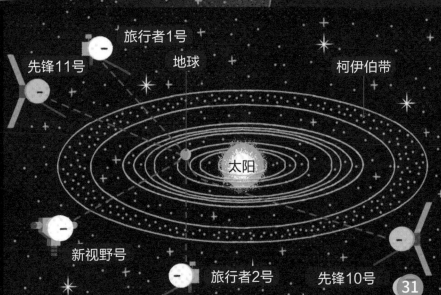

美国国家航空航天局已有五个航天器抵达了柯伊伯带，其中三个航天器目前仍在传回科学信息。先锋10号和先锋11号分别于1972年和1973年发射，但是美国国家航空航天局已经和这两个航天器失去了联系。旅行者1号和旅行者2号已经进入星际空间，目前仍处于活动状态。此外，令人激动的新视野号任务也仍然活跃。

先锋11号　旅行者1号　地球　柯伊伯带

太阳

新视野号　旅行者2号　先锋10号

银河系

在想象的宇宙飞船里，我们是安全的，此刻的我们正在银河系的恒星之间快速穿梭。人类可以从地球上看到大约3000颗恒星，而银河系中至少有2000亿颗恒星。大部分恒星都有行星，很多行星都有天然卫星，而且银河系也包含大量的彗星、小行星、尘埃和气体。这么一算，你就会理解虽然银河系覆盖了广阔的区域，但也是一个相当热闹的地方。如果我们的宇宙飞船能以光速飞行，那么穿越银河系要耗时20万年。

银河系

你在这里

结构

银河系是一个棒旋星系。中心棒由密度很大的恒星组成，其他恒星组成的四条旋臂向外展开。我们距离银河系中心大约2.8万光年。银河系的直径大约为20万光年。银河系确实是相当大的星系，但绝不是最大的。所有恒星、气体和尘埃都围绕银河系中心的黑洞旋转。

本星系群

星系倾向以团簇的形式聚集在一起。银河系属于由大约50个星系组成的本星系群。这些星系是离我们最近的邻居。而本星系群又属于一个更大的星系团：室女座超星系团。

室女座超星系团

仙女座星系

三角星系

本星系群

银河系

太空旅行

太空旅行对人体有很多影响，而且大部分是有害的。宇航员会遭受肌肉、骨骼、心脏和血细胞的不利变化，受到失眠和肠胃胀气的困扰。好的影响只有一个：有些宇航员能长高2厘米！

我们的宇宙飞船正驶向深空。

仙女座星系

银河系

碰撞过程

离银河系最近的旋涡星系叫作仙女座星系。它正以超过40万千米/小时的速度冲向银河系。大约40亿年后，两个星系将撞在一起，将对方撕裂。逐渐地，两个星系的中心黑洞会融为一个。这样，一个巨大的星系便诞生了。

如果40亿年后，地球上还有人类，那么他们将能目睹星系碰撞的宏大场面。令人吃惊的是，天文学家认为我们的太阳系很可能会在这次碰撞中幸存下来。每个星系中恒星之间的距离很远，所以恒星不至于撞在一起。

人马座A*

人马座A*

你很可能听说过黑洞，但可能没有意识到在我们银河系的中心也有一个巨大的黑洞。事实上，科学家们认为几乎所有星系的中心都有一个超大质量的黑洞。我们银河系的黑洞叫作人马座A*，它的质量是太阳的四百多万倍。科学家们无法观测到人马座A*，因为黑洞是看不见的。但是通过黑洞周围天体所受到的影响，科学家们判断出这个黑洞就在那里，距离地球约2.8万光年。

实际上，黑洞只是在一个很小的区域内聚集了巨大质量，使得周围物体围绕这个区域运转。银河系中心的黑洞并没有吞噬恒星，也不会吞噬银河系。至少，现在还没有。目前，银河系黑洞起到的作用就像一个锚，所有的系内恒星都围绕它运行。很显然，如果附近的一颗恒星被撞离轨道并且与黑洞太接近的话，那这颗恒星就有去无回了！

观测系外行星的最佳窗口是凌日。这一时期，地球上的望远镜或太空中的望远镜更容易观测到它们。

一颗系外行星凌日

有外星生命吗？

系外行星分为不同类型。迄今为止人类发现的系外行星中，有三分之二是气态巨行星或冰质巨行星，那里不适合孕育我们已知的生命形态。有些气态巨行星在离恒星很近的轨道上运转，因此，它们的温度极高，超过700℃，这些巨行星被称为"热木星"。现在已经发现有些与地球大小相当的石质行星在"宜居带"——具备孕育生命条件的区域内围绕母恒星运转。但是到目前为止，还没有发现任何系外行星上有生命的证据。

上图：
现在科学家认为大部分恒星至少有一颗系外行星。

寻找系外行星

宇宙学家很早就猜测至少有些恒星可能会有（环绕的）行星，但直到20世纪90年代才发现了这些行星的存在，因为当时的新技术使探测到这些行星成为可能。

凌日行星和星子小型望远镜是位于智利的一台机械望远镜。

地球上强大的望远镜都建在人迹罕至的偏远地方，比如智利的阿塔卡马沙漠。那里没有城市灯光的污染，天空能见度好。干燥的沙漠空气也有助于观测。

太空望远镜更适合用于探测宇宙，因为它们位于地球大气层之外，视野更清晰。

美国国家航空航天局的凌日系外行星勘测卫星目前正在扫描太空以寻找系外行星。

流浪行星

流浪行星

有些行星并不围绕着某一颗恒星运动，这些行星被称为流浪行星或星际行星。它们独自围绕星系中心运行，不受任何恒星引力的束缚。这些行星可能是被它们的母行星系统甩了出来，或者它们从来就没有被任何恒星引力束缚过。

系外行星

现在我们已经把太阳系的边缘远远地甩在身后了，我们即将在一颗有点像地球的行星上着陆。这颗行星被称为系外行星，或太阳系外行星。也就是说，这颗系外行星围绕着一颗像太阳一样的恒星运行，只不过是在另外一个太阳系里。离我们最近的系外行星叫作半人马座b星。它围绕离地球最近的恒星半人马座星运行。在这颗行星上着陆真是太令人兴奋了，所以你可能想用星际手机给地球上的家人打电话。手机把声音转换成信号，之后信号会以光速返回地球。但不幸的是，如果你在这里拨打电话，四年零两个月后地球那端的电话铃才会响起！

特拉皮斯特1星

我们可以造访系外行星吗？

就目前的技术的而言，仅仅是到达离我们最近的恒星系统就要耗时300万年。所以，短期内到系外行星度假还不具备可能性！但科学家相信，大约200年内人类应该会有能力驾驶强大的光速宇宙飞船，从而使星际旅行成为可能。

宇宙飞船船票

特拉皮斯特1星

特拉皮斯特1星是水瓶座的一颗红矮星。它于1999年被发现，但直到2017年，美国国家航空航天局的科学家才宣布：在这颗红矮星周围的轨道上发现了7颗地球大小的石质行星，这比其他任何行星系统都要多。更重要的是，其中3颗行星可能具备孕育生命的适宜条件。

这幅图显示了围绕特拉皮斯特1星运转的全部7颗行星。它们之间非常紧凑，可以完全放进太阳系中水星的轨道上。

这幅图中的3颗浅蓝色行星位于可能存在生命的"宜居带"中。橙色行星上太热，而最远的蓝色行星又太冷。

一位年轻的未来太空旅行者凝视窗外，欣赏特拉皮斯特1星系中一颗行星上的迷人景观。

神秘山简直太令人震撼了！它有3光年高
（约28万亿千米），表面被湍急的气流覆
盖，而内部就是新生的恒星。

恒星诞生地

恒星形成的地方被称为恒星星云或
者恒星诞生地，那里有巨大浓密的尘埃和
气体云层。当事件扰动时，云层被卷入恒
星的形成过程。比如，超新星爆炸产生的
冲击波可能击穿云层，把尘埃和气体击成
团块。这些团块的引力捕获了更多气体和
尘埃，并变得越来越大，直到核心
的热量点燃，开始核聚变。取决
于不同类型的恒星，这个过程
需要几千年到几百万年不等。

神秘山

我们的宇宙飞船依然动力强劲！
我们正全速开往船底座星云里的神秘山。

恒星的生命周期

恒星的生命始于恒星核心开始核聚变
反应。像太阳一样大小的普通恒星，会作为
主序星持续燃烧数十亿年。当普通恒星耗尽
自身的氢后，它就会膨胀成为一颗红巨星。
渐渐地，红巨星失去了外层，并在炽热的核
心周围形成了一个行星状星云。当星云吹散
后，红巨星就变成了白矮星，并逐渐冷却，
颜色变暗。而质量大得多的恒星被称为大质
量恒星，它们的寿命相对较短。这些大质量
恒星在几百万年内会燃尽自身的气体，然后
变成超巨星，甚至是特超巨星，之后发生超
新星爆炸，最后剩下中子星或黑洞。

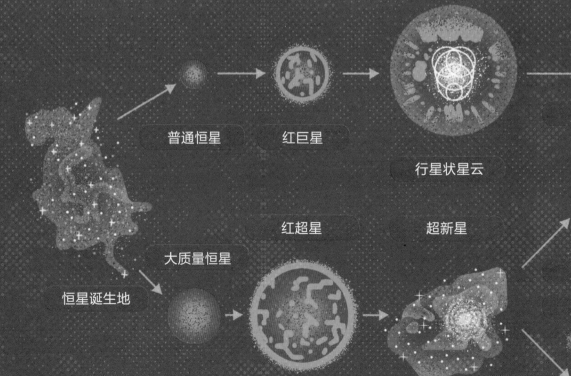

普通恒星　　红巨星　　　　　　　　白矮星

行星状星云

红超星　　　超新星

恒星诞生地　　大质量恒星　　　　　　　　中子星

黑洞

恒星

此刻，我们正飞往神秘山，那里是船底座星云中一处壮观的气体尘埃柱，也是恒星诞生的地方。这只是我们的银河系中众多恒星形成的区域之一。但是，恒星到底是什么？和我们的太阳一样，恒星是一个巨大的、熊熊燃烧的气态球体。在恒星的核心，氢通过核聚变转化为氦。这个过程中产生的能量被辐射到太空中。和我们的太阳系一样，大部分恒星都有围绕它们运行的行星。恒星也分成不同的种类：有些更大更亮，有些相对较小并且亮度更低，还有一些在变成黑洞之前湮灭于壮观的爆炸。

双星

我们的太阳是一颗独来独往的恒星，这并不多见。大部分恒星成对出现或者属于两个以上的恒星组。大约四分之三的恒星都是双星系统。天文学家认为数十亿年前太阳可能也有一个孪生兄弟，但是这颗恒星的轨道非常远。与太阳成对存在几百万年后，这颗恒星散逸掉了，并聚合到银河系其他恒星上了。

双星

如果你生活的行星属于双星系统，有两颗恒星，那么这两颗恒星落入地平线时，你每天能看到两次日落。

红矮星

与太阳这样的普通恒星相比，红矮星更小更冷。它们慢条斯理地燃烧氢气，相当长寿。红矮星是银河系中最常见的恒星。离太阳最近的恒星就是一颗红矮星，被称为比邻星。

红矮星

中子星

中子星

中子星是由超新星演化形成的，是宇宙中密度最大的天体。随着恒星核心的坍缩，中子星旋转得越来越快；新形成的中子星的旋转速度可达600次/秒。天文学家认为银河系中大约有1亿颗中子星。

超新星

当一颗特别大的恒星（其质量至少是太阳的8倍）开始燃料短缺时，就会膨胀成为一颗超巨星。当所有燃料耗尽时，超巨星就会坍缩，其外层会在剧烈的爆炸中被炸飞。超新星的能量相当于太阳这样的普通恒星一生中释放的所有能量。

超新星

星系类型

星系的主要类型有四种：旋涡星系、棒旋星系、椭圆星系和不规则星系。每种类型都有不止一种变体。此外，还有一些特殊的星系，如环形或"S"形星系。

星系团和超星系团

大部分星系以50个左右的规模聚集在一起，而另外一些则形成大规模星系团。那些最大的星系团被称为超星系团，每个超星系团包含成百上千个星系，每个星系包含数十亿颗恒星。通常在星系团的中心都有一个巨大的椭圆星系。星系团内部的大多数星系都是椭圆星系，而星系团外部的大多数星系都是旋涡星系。

椭圆星系

这些星系通常呈现出鸡蛋一样的椭圆形。椭圆星系里经常有较老的恒星，气体不多，所以没有太多正在形成的新恒星。宇宙中一些规模最大的星系都是椭圆星系。

不规则星系

这些星系没有特定的形状，有时是因为受到相邻星系引力的影响，被拉伸变形。

旋涡星系

这些星系形状像风车。星系的中心是恒星集中区，星系的周围至少有两个旋臂，旋臂上分布着更多的恒星。

棒旋星系

棒旋星系是旋涡星系的一种变体。在棒旋星系的中心，恒星聚集组成短棒形状，而旋臂从中心往外扩展。

侧看旋涡星系

如果从侧面观察旋涡星系，你会发现星系中心有一个凸起，再往外的部分外形就像扁平的圆盘。

类星体

类星体是宇宙中最亮的天体。它们就像吞噬着气体和恒星之类物质的超大质量黑洞。类星体吞噬大量物质时会释放出大量的能量，使它们发出非常明亮的光。

塞弗特星系

塞弗特星系拥有比其他星系更明亮的中心。

射电星系

射电星系发射出一股股超强无线电波。

活动星系

活动星系具有小型致密核心，可以释放出大量的光能和其他能源。这些活动星系产生的能量比它们所包含的所有恒星所释放出的能量要多得多。因此，天文学家认为这些活动星系的中心有超大质量的黑洞。很多活动星系也以近乎光速抛射窄束高能粒子。活动星系包括塞弗特星系、射电星系和类星体。

星系

我们终于到达了银河系的边缘。现在我们可以观测到不同类型的星系。让我们更加近距离地看一看吧。星系是恒星、气体、尘埃、星云、小行星、彗星、行星和暗物质的巨大集合，它们都是被引力聚在一起的。根据科学家们的估算，宇宙中至少有2000亿个星系，但也有可能还有更多。从仅有几亿颗恒星的矮星系，到拥有超过100兆颗恒星的巨星系，星系有大有小。恒星和其他物质围绕星系的引力中心运转，而这个中心通常是一个非常大的黑洞。

星暴星系

星暴星系高速产生新的恒星。星暴星系中含有大量的气体，气体迅速燃烧形成很多大型恒星。它不是一个单独的星系类型，而是一些星系生命过程中的一个阶段。科学家们还不确定是什么原因导致了星暴星系的产生，但与另一个星系的碰撞可能是导火索。

一项名为詹姆斯·韦伯空间站的新太空望远镜任务将于2021年发射。它将与哈勃太空望远镜一同工作，并最终取代它。

太空望远镜

与地球上的天文望远镜相比，太空望远镜的花费要多得多，但它们能获得更好的观测视野。最有名的太空望远镜要数哈勃太空望远镜了。哈勃太空望远镜任务于1990年发射，极大地提升了我们对宇宙的了解。

大爆炸

让我们把乘坐的宇宙飞船想象成为一台时间机器，它能以光速带我们回到宇宙的起源。时间诞生的第一秒我们能看到什么？对于这个问题，没有人知道确切的答案。不过，大爆炸理论是目前最好的解释。根据这个理论，宇宙大约诞生于138亿年前。随着原子的形成，以及随后恒星和星系的形成，宇宙膨胀得非常快。大约46亿年前，我们的太阳系形成了。现在宇宙仍然在膨胀，并且膨胀的速度越来越快。如果我们能看到大约220亿年后的未来世界，我们甚至可能目睹大撕裂。到那时，宇宙中所有物质都会被撕裂，宇宙也迎来了最终结局。

多元宇宙

一些科学家认为，宇宙可能不止一个。他们认为存在着一个匪夷所思的巨大结构，也就是多元宇宙，而我们的宇宙只是多元宇宙中众多宇宙之一。根据这个理论，如果大爆炸中形成了一个宇宙，那么为什么不会有更多宇宙呢？所以，可能会有数量众多的宇宙存在，并且这个数字还在不断增长，每一个宇宙都受不同的物理定律支配。这真一个令人惊叹的想法，但并不是每个人都认同。

暗物质

宇宙是由物质和能量构成的。普通物质约占宇宙的5%，这包括所有可见的物质，如行星、恒星和星系等。占比更大的物质是由暗物质组成的，约占25%。科学家不知道暗物质是什么，但他们可以通过可见物质在太空中的行为判断出暗物质的存在。剩下70%的宇宙组成成分也很神秘，这种成分叫作暗能量。目前，科学家也不知道暗能量是什么。

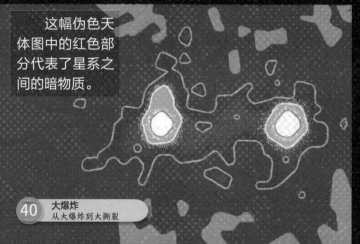

这幅伪色天体图中的红色部分代表了星系之间的暗物质。

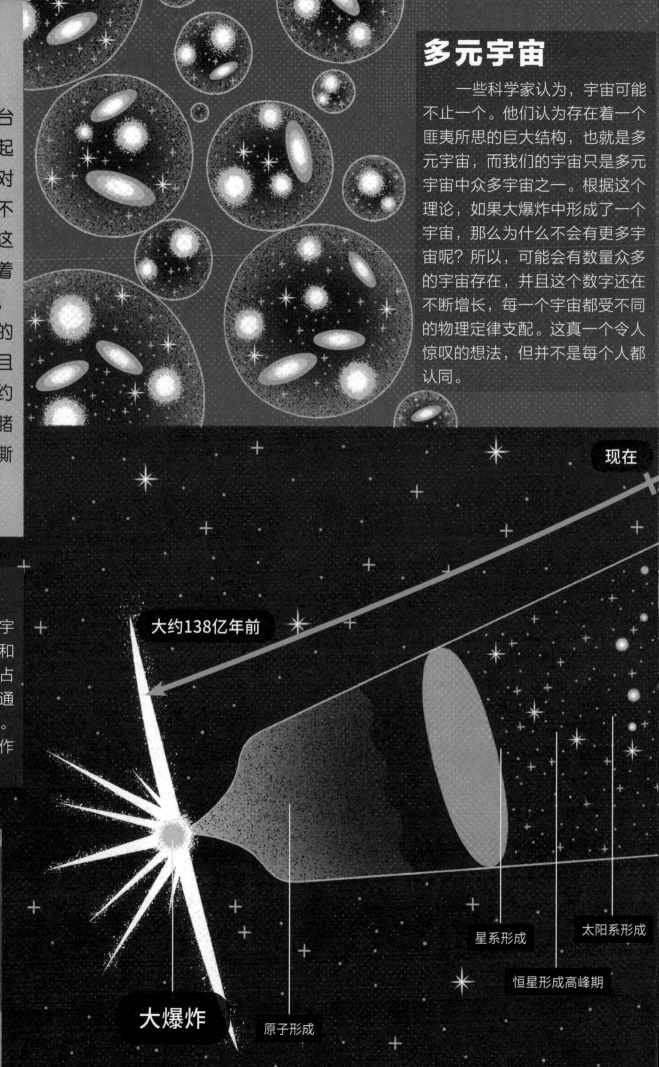

现在

大约138亿年前

星系形成

太阳系形成

恒星形成高峰期

大爆炸

原子形成

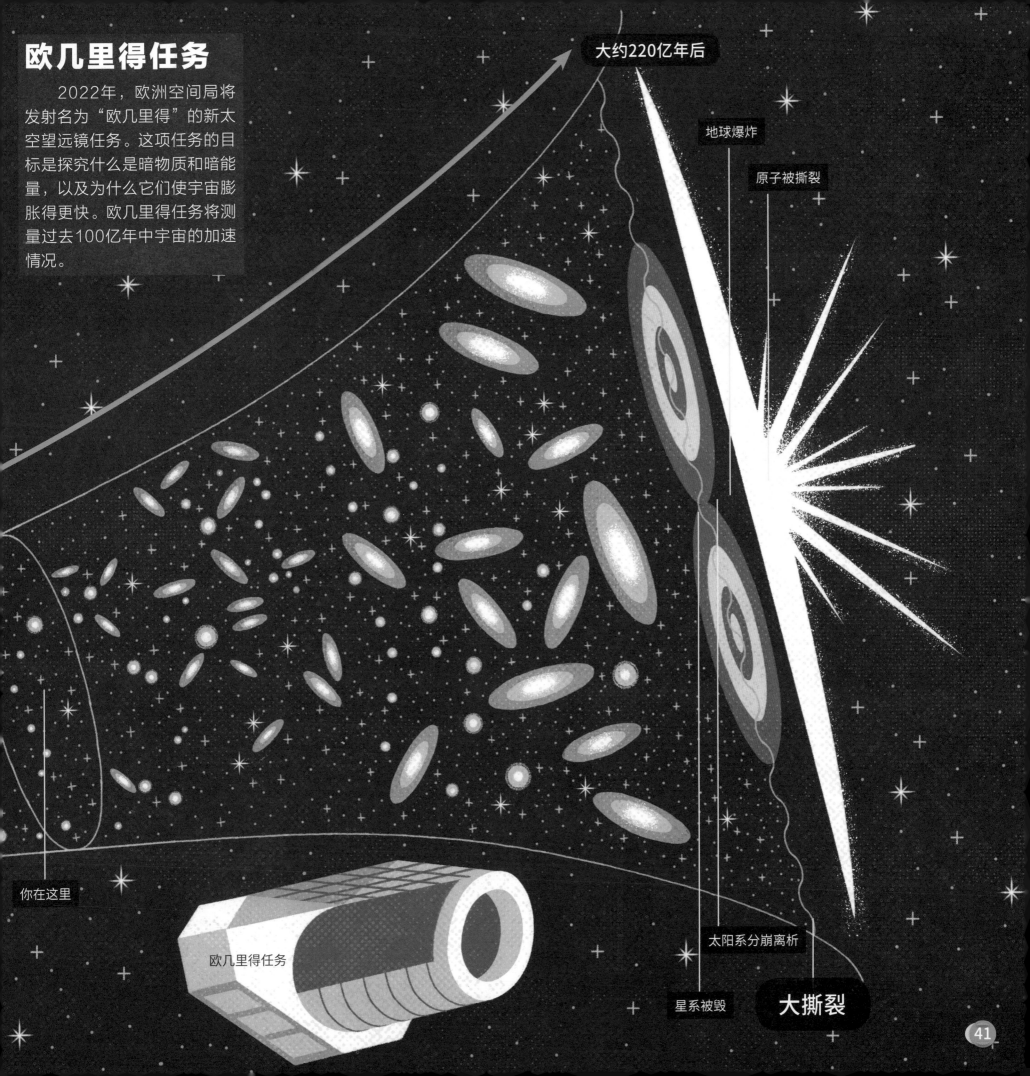

欧几里得任务

2022年，欧洲空间局将发射名为"欧几里得"的新太空望远镜任务。这项任务的目标是探究什么是暗物质和暗能量，以及为什么它们使宇宙膨胀得更快。欧几里得任务将测量过去100亿年中宇宙的加速情况。

大约220亿年后

地球爆炸

原子被撕裂

你在这里

欧几里得任务

太阳系分崩离析

星系被毁

大撕裂

激光干涉空间天线

　　欧洲空间局将于2034年同时发射激光干涉空间天线任务的3个航天器，这3个航天器将围绕太阳运转，相距数百万千米组成等边三角形。它们将研究引力波，了解星系的形成和结构、恒星的演化、早期宇宙以及时间本身的结构和性质。

激光干涉空间天线航天器2

激光干涉空间天线航天器3

激光束

激光干涉空间天线航天器1

未来的一艘宇宙飞船冲向一个虫洞

曲速与虫洞

　　距离是探索宇宙面临的主要问题。离我们最近的星系大犬矮星系，距离太阳2.5万光年。离我们第二近的星系人马座矮椭圆星系，距离我们7万光年。就目前的技术水平而言，这个距离实在太远了。即使我们能以光速前往（人类还做不到），它还是太远了。但是如果我们能够以比光速更快的速度旅行，即科幻小说里所说的曲速，那么深空旅行将是可能的。爱因斯坦说过，没有比光跑得更快的东西，但有些科学家不同意这个观点。

　　虫洞这个概念非常受科幻小说欢迎。虫洞就像宇宙时间里的洞或者桥，为我们穿越宇宙的漫长旅程提供了捷径。从来没有人发现过虫洞，科学家也不确定我们是否能够在穿越虫洞的旅程中幸存下来。

虫洞捷径

绕行的远路

未来会怎样?

这真是一次相当长的旅行，对吧？直到宇宙的尽头！当然，你也知道这本书中我们经历的大部分冒险不会真的发生。至少，现在还不会。我们还没有那么先进的技术，并且还有很多事情我们目前并不了解。但这正是太空让人如此着迷的原因。人类仍然有很多东西要学，有令人大为惊奇的东西等待被发现。在未来几十年里，人类几乎可以确定要重返月球，并可能在那里建立一个基地。人类甚至可能登陆火星并向火星移民。太空旅游很可能成为一种流行的度假方式。如果地球上黄金和铂这样的资源变得稀缺，人类真的可能开始开采小行星。我们甚至可能发现一种超越光速甚至是超越时间本身的旅行方式，这样我们就可以做到毫不费力地在深空旅行。太空的确是新前沿领域。

虫洞

外星人在哪里?

SETI这个科学术语的意思是"搜寻地外文明计划"，涵盖人类寻找地球以外智慧生命踪迹的全部方法。世界各地的很多射电望远镜不断地对天空进行扫描，以寻找人造无线电信号。超级计算机用于分析这些望远镜所有的探测数据。还有些项目致力于寻找智慧生物用来通信的激光束，并寻找外星人的航天器和探测器。科学家甚至已经把人类的信号送入太空，让其他智慧生命知道人类的存在。我们不知道是否有外星人看到了这些信息。一些科学家甚至质疑把人类存在的信息向那些可能不友好的外星人广而告之是否明智。

20世纪50年代，意大利物理学家恩利克·费米曾经说，宇宙的大小和年龄说明一定会有其他智慧生命存在。但是为什么我们至今都没有找到外星生命的迹象呢？

用你的电脑为研究做贡献吧！你想要助力发现地外生命吗？请访问SETI@home。

X°°#BB@**GG%!
翻译成"再见！"

索引

作者 [英]安妮·麦克雷

特约编辑、作家、独立出版人。擅长写太空、历史等主题童书，曾出版多部童书，作品被翻译成七种语言。

审校 [英]史蒂夫·马兰

英国天文学会高级顾问。曾在美国国家航空航天局工作35年，是一位德高望重的科研和教育工作者，出版过多部与天文学相关的图书。

译者 许永建

国家一级翻译、中国翻译协会会员、国际空间研究委员会会员。研究生毕业于北京外国语大学。目前在中国科学院国家空间科学中心从事国际合作管理工作。

译校 闫文娟

天文爱好者。曾任中学教师，目前就职于中国科学院科技战略咨询研究院。

为了提供更好的阅读体验，我们设计了一款免费的 APP，搭配图书使用，帮助大家更好地理解内容。

APP 下载及使用方法：

1 下载 APP

IOS 系统用户，请在 APP Store 中搜索 "Atlas of Space Adventures"，找到下图所示图标，点击下载。

2 使用 APP

下载后，运行 APP，授权许可照相机功能。将设备对准图书内页，屏幕上将弹出一些红色圆点，点击红色圆点即可打开对应的视频。

Original English Title: The Atlas of Space Adventures

Text by Anne McRae

Illustrations by MUTI

© Nextquisite Ltd 2019

Simplified Chinese edition copyright © 2020 by China Astronautic Publishing House Co., Ltd

著作权合同登记号：图字：01-2020-0554号

图书在版编目（CIP）数据

太空：一次神奇的探险之旅 /（英）安妮·麦克雷

著；英国穆蒂工作室绘；许永建译. -- 北京：中国宇

航出版社, 2020.10

书名原文：The Atlas of Space Adventures

ISBN 978-7-5159-1795-5

Ⅰ. ①太… Ⅱ. ①安… ②英… ③许… Ⅲ. ①宇宙—

儿童读物 Ⅳ. ①P159-49

中国版本图书馆CIP数据核字（2020）第126841号

策划编辑	韩红红	马晓菲	甄薇薇	**装帧设计**	宋　航
责任编辑	马晓菲	韩红红		**责任校对**	甄薇薇

出版发行 中国宇航出版社

社　　址	北京市阜成路8号	邮　　编	100830
网　　址	www.caphbook.com		
经　　销	新华书店		
发 行 部	(010)60286888		(010)60286804（传真）
承　　印	北京中科印刷有限公司		
版　　次	2020年10月第1版		2020年10月第1次印刷
规　　格	889×1194	开　　本	1/12
印　　张	4 2/3		
书　　号	ISBN 978-7-5159-1795-5		
定　　价	78.00元		

本书如有印装质量问题，可与发行部联系调换